亲子自然教育之旅

和孩子一起去观鸟

李明璞　李云飞 / 著

张　磊 / 绘

长江出版传媒

湖北科学技术出版社

图书在版编目（ＣＩＰ）数据

和孩子一起去观鸟：亲子自然教育之旅 / 李明璞，
李云飞著 . 张磊绘 .－－ 武汉：湖北科学技术出版社，
2017.11
　　ISBN 978-7-5352-9729-7

　　Ⅰ . ①和… Ⅱ . ①李… ②李… Ⅲ . ①鸟类－青少年
读物 Ⅳ . ① Q959.7-49

中国版本图书馆 CIP 数据核字 (2017) 第 237661 号

出 版 人　何　龙
总 策 划　何　龙　何少华　刘　辉
执行策划　刘　辉　彭永东
责任编辑　刘　辉　高　然　万冰怡
装帧设计　喻　杨　萨木文化

出版发行　湖北科学技术出版社
地　　址　武汉市雄楚大街 268 号
　　　　　（湖北出版文化城 B 座 13-14 层）
邮　　编　430070
电　　话　027-87679450
网　　址　http://www.HBstp.com.cn
印　　刷　武汉市金港彩印有限公司
开　　本　880×1230　　1/32　　3.75 印张
版　　次　2017 年 11 月第 1 版
　　　　　2017 年 11 月第 1 次印刷
字　　数　80 千字
定　　价　30.00 元

（本书如有印装问题，可找本社市场部更换）

序　言

　　现代科学技术给人类的生活带来了许多便利，但人们也因远离了大自然而容易患上"自然缺失症"。"自然缺失症"所带来的后果：忧郁症、注意力缺乏症和儿童肥胖症，这可能成为孩子健康成长道路上的最大障碍。要预防这种病症，最好的方法就是走进大自然。

　　许多聪明的家长意识到了这个问题。于是忧虑的家长们又开始了新的寻找，他们四处打听，什么地方有这样那样关于自然教育的活动。如同当初带着孩子去参加各种培优班一样，他们在周末又开始了东奔西走……

　　操心的家长们，你们有没有想过，与其这样疲于奔命，不如自己学着来当孩子的自然教育老师？

　　这不是玩笑，而是完全可能的，当然，首先你应该是一个愿意学习的家长。

　　如果你们愿意陪着孩子阅读关于大自然的书籍，愿意和孩子一起去户外观察树木、花草、昆虫和小鸟，一同去探寻大自然的秘密。我相信，用不了多久，你们在体会大自然无穷魅力的同时，也会成长，也可能成为自然教育的达人。

　　更重要的是，对于孩子来讲，最好的爱就是陪伴。当你们拿出时间和孩子一起做这一切的时候，你们收获的不仅仅是对大自然的认知。你们将和孩子有更多的沟通，也会得到更多的信任，你们的家庭也会因此收获更多的和谐与幸福。

　　观鸟是一项有利于身心健康的文明和绿色的活动，在发达国家和地区参与人数众多，已有 200 年的历史。

　　鸟儿是一种十分神奇的动物，在自然界中，鸟是所有脊椎

1

动物中外形最美丽、声音最悦耳、最深受人们喜爱的野生动物之一。从冰天雪地的两极到世界屋脊，从波涛汹涌的海洋到茂密的丛林，从寸草不生的沙漠到人烟稠密的城市，几乎都有鸟类的踪迹。探索大自然的奥秘，我们就从观察它们开始吧。

李明璞　李兆

2017 年 9 月 28 日

目 录

第 1 章

开始前的准备

给家长

观鸟之前，先做点功课。和孩子一起阅读一点相关书籍，先认识鸟儿，知道一些关于鸟儿的相关知识，然后再去观鸟，会收到事半功倍的效果。

喜鹊

什么是鸟

科学家这样定义：鸟是一种有两足、能行走、温血、卵生、用肺呼吸的脊椎动物。它们有坚硬的喙，身披羽毛，前肢演化成翅膀。

你知道吗？

鸟的祖先——始祖鸟

中国科学家发现的"中国鸟龙"为"鸟类起源于恐龙"学说提供了强有力的证据。而我们已知的最早出现的鸟类，是一种与鸽子差不多大小的原始鸟类——始祖鸟。

始祖鸟

长有羽毛的动物才是鸟

　　鸟与其他动物最根本的区别在于它们身披羽毛，因此，羽毛是鸟特有的。有的动物能够像鸟儿一样飞行，如蝙蝠，但它们只有绒毛而没有羽毛，因而不是鸟。

几种鸟类的羽毛

你知道吗?

鸟身上有多少羽毛

鸟因种类不同羽毛的数量会有差别，较小的鸟羽毛较少，较大的鸟羽毛较多。一般鸣禽的羽毛数目，有 1100~4600 根。而大型鸟的羽毛可达几万根。如天鹅的羽毛有 25000 多根。而且鸟在冬天时的羽毛比在夏天时要多。

■ 给家长

教孩子用放大镜和显微镜观察鸟的羽毛

鸟儿的羽毛是大自然的杰作。在放大镜下，我们可以看到羽毛的中央是一根羽轴，两边生着羽片，羽毛基部还有一团绒羽。羽片由许许多多平行细长的羽枝组成，而每根羽枝又可看作一根小"羽毛"。如果用放大镜观察，我们可以看到羽小枝上呈现更细微的羽小钩。整片羽毛由这些小钩联结，可开可合，十分灵活。

呵护羽毛

完好无损的羽毛对于鸟的生存有着十分重要的意义，因此鸟儿对自己的羽毛十分爱护，每天都要花大量时间来护理。它们通过水浴或沙浴去掉身上已经松脱的角质层、灰尘、污渍和寄生虫，然后用喙将羽毛梳理平整，同时将从臀部尾脂腺分泌的油脂涂抹在羽毛上。

我们时常看见鸟儿在那里不停地梳理羽毛，那是它们正在护理自己的羽毛呢。

梳理羽毛的橙翅噪鹛

🔽 探索小贴士

鸟儿为什么会飞？

1. 鸟有翅膀和羽毛；2. 鸟的骨骼坚薄而轻，有的骨头是空心的，里面充有空气；3. 鸟的胸部肌肉非常发达；4. 鸟的呼吸系统、消化、排泄、生殖等器官机能的构造，都与飞翔生活相适应。因此鸟能克服地球吸引力而展翅高飞。

蜻 蜓

你知道吗?

　　会飞的不一定是鸟。
蝴蝶、蜻蜓、蜜蜂、蝙蝠也
都会飞,但都不是鸟。

蝴 蝶

蜜 蜂

蝙 蝠

和孩子一起去观鸟

6

鸵　鸟

企　鹅

你知道吗?

有的鸟不会飞

绝大多数的鸟儿能够飞翔。能飞翔
是鸟儿最重要的特征，但并不是所有的
鸟都可以飞起来。比如鸵鸟双翅已退化，
胸骨小而扁平，没有龙骨突起，不能飞翔。
企鹅则是退化了的海鸟，双翅变成鳍状，失
去了飞翔能力，却学会了游泳。

鸟儿为什么要鸣叫

　　鸟儿的叫声千变万化，婉转动听。可是，鸟儿为什么要鸣叫呢？有专家把鸟儿的鸣叫分为几种：一种是警告。这是鸟儿在繁育期间，为了以自己的巢为中心占领一块区域作为自己的领地，不停地鸣叫，宣布这是自己的地盘，告诫别的鸟不要过来。如果有同类靠近，它会冲过去把它赶走。第二种是鸣唱。这是雄鸟在利用自己的歌声吸引雌鸟与自己成双结对。歌声响亮的鸟儿一定是身体健壮的雄鸟。第三种是呼唤。小鸟出巢后跟随着亲鸟四处游荡。为了防止小鸟走丢，亲鸟会不断鸣叫让孩子跟上自己。幼鸟也会时时鸣叫，呼唤亲鸟来给自己喂食。当小鸟集群的时候也会不停鸣叫，起到召集的作用。

你知道吗？

鸟儿在繁殖时期求偶时发出的鸣叫最为动听，也最为频繁。当它们找到伴侣，筑好爱巢，进入孵卵期以后，鸟儿的歌声就基本消失了。

探索小贴士

鸟类的生态类群

我国现存的鸟类可以划分为六大生态类群：

1. 游禽　是善于飞翔、游泳和在水中捞取食物，却拙于行走的鸟类。如野鸭和大雁。

2. 涉禽　大多数具有喙长、颈长、腿长的特点，生活在湿地环境，以水生动植物为食。常见的有鹭科鸟类。

3. 猛禽　有强大有力的翅膀，弯曲锐利的喙、爪和敏锐的眼睛。如鹰、隼等。

4. 攀禽　有强健的脚趾和紧韧的尾羽，可使身体牢牢地攀贴在树干上。如啄木鸟。

5. 陆禽　腿脚健壮，具有钝爪，体格壮实，喙坚硬，翅短而圆，不善远飞。如雉、鸠。

6. 鸣禽　种类数量最多，它们体态轻盈、羽毛鲜艳、歌声婉转，绝大多数以昆虫为食。有百灵、画眉等。

你知道吗？

数量最多的是鸣禽

鸣禽是鸟类中一个很大的群体，约占全体鸟类的一半以上。

大多数小型鸟类，如山雀、鹨类和云雀等，都属于鸣禽。鸣禽绝大多数以昆虫为食，是农林害虫的天敌。鸣禽多数栖息于树林之中，少数种类生活在草地、灌丛。鸣禽善于鸣叫，是因为它们的下颏部都有一个特殊的发声器官，由最多9块复杂的鸣肌组成。鸣禽的歌唱，给大自然增添了无限的生机和诗情画意。

鸟的喙

没有哪一种动物的嘴像鸟类的喙这样千奇百怪，这是鸟类食物的多样性导致的。经过长期的进化，每种鸟都长有适合自己取食的喙，就是我们通常说的嘴。它们有的长，有的短，有的粗，有的细，有的笔直，有的弯曲。通过观察鸟儿的喙，我们就可以知道鸟儿吃什么样的食物。

不同的鸟有不同的喙

反嘴鹬（yù）主要以浅水处生长的小型甲壳类、水生昆虫和软体动物等小型无脊椎动物为食。因此它长着一个长而上翘的喙，正是为了方便它在水边浅水处左右来回扫动觅食。

反嘴鹬

鸟儿的迁徙

　　全世界有 9000 多种不同的鸟类，中国有 1400 多种。但是我们一般看不到这么多的鸟。因为许多鸟有地域性，它们一生只生活在一个不大的区域里，如果不去那里便看不到它们。还有一些鸟有迁徙的习性，每年它们都会南来北往地飞翔。如果我们留心，就能够观察到它们。

迁徙的鸿雁

你知道吗?

　　常年在一个地理区域内生活，春秋不进行长距离迁徙的鸟类，称为留鸟；春季迁徙到本地来繁殖的鸟，秋季再向越冬区南迁的鸟，称为夏候鸟；冬天由北方来到本地越冬的鸟称为冬候鸟，这些鸟儿的繁殖地在遥远的北方，有的甚至在西伯利亚苔原地带，多为鹤类、雁类和鸭类。还有一些鸟的繁殖地也在遥远的北方，但它们越冬地并不在本地。它们在秋季南下与春季北上经过本地时只做短暂的停留，称为"过境鸟"，也称为"旅鸟"。

还有一些留鸟，夏天我们在周边地区看不到它们，而在冬天它们却会出现在农田区域、城市郊区和城市公园。它们夏季生活在海拔较高的山区，冬季回到低海拔地方，根据季节和食物状况而改变居住地。这种现象，科学家称为"垂直迁徙"。

了解鸟儿的季候性，对于我们观鸟很有帮助。

探索小贴士

鸟为什么要迁徙?

鸟类迁徙是鸟类的一种本能，也是对外界生活条件长期适应的结果，与气候、食物、繁殖有着密切的关系。比如，夏天植物茂盛，昆虫活跃，为鸟儿提供了丰盛的美食。许多鸟儿便迁徙到气温适合、食物丰富的地方繁殖后代。入秋以后，我国北方大多数植物纷纷落叶、枯萎。昆虫活动减少，陆续钻入地下蛰伏或产卵后死亡，数量锐减。食物的匮乏使鸟类不能维持生活，只有迁徙到食物丰盛的南方，才能很好地度过冬天。

做个鸟类观察家

窗外的鸟儿已经在呼唤，等着我们去观察呢。不过不要太着急，要做一个鸟类观察家，还有一些准备工作要做。

顶
额
喙
颏
胸
腹
胁
趾
颈
背
腰
翅
尾
臀
腿

鸟类躯体结构示意图

鸟儿的身体结构

鸟儿长得什么样？身体各部位叫什么名字？这是我们识别鸟儿必须要知道的。所有鸟儿有着同样的躯体结构，却有着其独特的体型和羽毛颜色。我们根据这些特征将它们分别辨认出来。

■ 给家长

学会使用鸟类鉴别手册

鸟类图鉴是我们识别鸟儿的工具书，就如我们识字要使用字典一样。可能你的孩子还没有认识那么多的字，这时就需要你先学会使用鸟类图鉴了。不过，在找鸟图的时候应该和孩子一起，他们的眼睛可能比你们更敏锐。

鸟类图鉴

□ 特别提示

一个合格的鸟类观察者应该做到：

● 不惊吓鸟儿。观鸟时保持适当距离，保持安静，尽量不要移动。让鸟儿不害怕你的存在，才能进行最好的观察。

● 远离正在育雏期间的鸟巢，以免干扰鸟儿哺育幼雏。如果你长时间站在巢的附近，鸟的父母很可能放弃它们的巢和雏鸟。

● 不可为了便于观察或摄影，随意攀折花木，破坏野鸟栖息地以及附近植被。也不要将垃圾丢弃在鸟的栖息地。

⬇ 探索小贴士

记住鸟儿的特征

如果你要查找你所观察鸟的名字，弄清它是什么鸟，那么在观察时你应该留心它们的这些特征：

● 这只鸟有多大？有多长？比一只麻雀大还是小？或者和哪一种你比较熟悉的鸟一样大？

● 这只鸟是什么样的体型，胖胖的还是比较修长？是像鸭子一样圆圆滚滚还是像白鹭一样瘦瘦高高？

● 这只鸟身体各部位的羽毛是什么颜色？有什么特别突出的地方？

● 鸟儿有没有什么特别醒目的、让人看一眼就能留下深刻印象的特征？如八哥喙基上面有一簇额羽形状如冠，白鹭黄色的脚趾像穿着袜子。

● 鸟儿的喙要特别注意。羽毛颜色十分相近的鹀（wú）和鹨（liù），从大小和体型上很难区分，但它们的喙很不一样，鹀的喙短粗，鹨的喙细长。

小鹀的喙

树鹨的喙

鸳鸯（雌）

鸳鸯（雄）

漂亮的雄鸟和不起眼的雌鸟

很多鸟儿羽毛的颜色雌雄是不同的，这是巧妙的自然选择的结果。雌鸟在繁殖过程中承担着卧在鸟巢中孵卵的任务，暗淡毛色正是它的保护色，使它很难被天敌发现，从而不会沦为捕食者的美餐。

你知道吗?

有的雌鸟更美丽

通常雄鸟的羽毛颜色较为鲜艳，而雌鸟的羽色则比较暗淡。当然也有例外。例如彩鹬（yù），雄鸟毛色比较暗淡，相反则是雌鸟的羽色更鲜艳一些。这也说明在彩鹬的繁殖中，雄鸟更多时间卧在巢中孵卵。

彩鹬（雌）

彩鹬（雄）

带着耳朵去观鸟

鸟儿经常鸣叫，为我们指明了它所在的地方，寻着声音去找鸟，是一个简便可靠的方法。有些雀鸟鸣声独特，也可以借此来分辨鸟的种类。例如四声杜鹃"播种播谷"的叫声，让人一听就知道杜鹃到了，春天来了。

全副武装起来

　　望远镜是观鸟的必备工具。只有通过望远镜才能看到远处的鸟和观察到鸟儿美丽的细节。因此选一个合适的望远镜是观鸟首先要考虑的问题。市面上的望远镜有很多种，每种望远镜都有各自的用途。观鸟应该选择观鸟望远镜。

　　观鸟用的望远镜有双筒和单筒两种。双筒望远镜适合观看树林中的鸟儿，因为林鸟活泼好动，需要用望远镜连续地跟踪观看。双筒望远镜方便携带，使用灵活。单筒望远镜因其放大倍数较高，比较适合观看远处的、静止的或行动缓慢的鸟儿，如水鸟中的雁、鸭类等。为了保持稳定，使用单筒望远镜需要配以三脚架支撑。

孩子观鸟图

给家长

　　望远镜使用时要经常进行校正，让它适合自己使用。家长应该先学会望远镜的校正方法，然后教给孩子，让他学会自己调整望远镜。因为每个人的两眼距离和视力都不一样，要让望远镜适合自己使用，调校只能靠自己，别人帮不上忙。

☆ 小贴士

　　望远镜的校准方法。第一步调整目镜宽度，通过改变两个镜筒间的夹角来调整目镜宽度与两眼距离相适应，具体表现是，从目镜里看出去使物镜两个圆孔逐渐重合，有时不能完全重合，只要基本重合就可以了。第二步调整两眼的视差。先闭右眼睁左眼用望远镜看一固定物体，调整调焦手轮使物体变得清晰。再闭左眼睁右眼观看同一物体，调整目镜旁的视差调节环使物体清晰，这时两眼的视差便调节好了。使用中只需调整调焦手轮。如发现望远镜出现模糊现象，可按以上步骤重新校准。

调焦手轮　　视差调节环　　目镜
镜筒
物镜

望远镜结构图

　　家长和孩子应该各自使用自己的望远镜。给孩子购买望远镜除了注意质量以外，还要注意大小，让孩子的手能握住而且便于操作。

　　观鸟需要的装备并不多，可以根据需要配备。除了专门用于观鸟的装备，一般户外活动需要携带的物品，如背包、水壶、挂钩等都需要准备。以防万一，还应准备一些药品，带一些蛇药也很有必要。若在户外时间较长，需带足食品，特别是水。若天气不好，还应预备雨具。

观鸟装备

观鸟必备

必　备

● 8~10 倍放大功能的双筒望远镜。

●一本野鸟图鉴。

●记录本和笔。

选　配

●长焦的数码相机。

●能录下鸟儿鸣叫的小录音机或手机。

□特别提示

　　观鸟着装色彩不能艳丽，切忌穿有大块红色、黄色等亮色的服装。较暗颜色的服装对鸟的干扰较小，尽量穿灰、草绿等接近自然环境色的服装。如果穿着迷彩服，伪装的效果就更好了。

■ 给家长

　　给孩子准备全套的装备。外出的时候，孩子用的东西让孩子自己背。从小培养孩子自己的事情自己做的习惯。

装备齐全的观鸟者

第 2 章

观鸟，从身边开始

当你还在睡梦中，鸟儿已经在晨曦里鸣唱；打开窗户，你能看到鸟儿从你面前飞过；走在上学或上班的路上，也能看到鸟儿在树枝上跳跃，鸟儿真是无处不在。那么观鸟就从身边开始吧。

居住小区

清晨或傍晚，你可能在居住的小区听到过长长而婉转的鸟叫声，这多半是鹊鸲（qú）在鸣唱。鹊鸲是一种分布十分广泛的留鸟，黑白两色，雄鸟色彩较深，雌鸟色彩较淡，常在人类居住的地方生活，不太怕人。它们在墙洞或屋檐下筑巢，常到地上寻找食物。

珠颈斑鸠也是许多小区的常客。有的甚至在人家的花盆里或空调外机后面筑巢繁衍后代。

鹊鸲（雄）　　　　　　　鹊鸲（雌）

鸟儿档案

鹊鸲（俗名四喜）

●居留类型：留鸟。

●体长：18~21 厘米。

●外观：黑白两色，雄鸟色彩较深，雌鸟色彩较淡。

●食物：主要以昆虫为食，偶尔也吃植物种子。

●特点：活动于房前屋后，取食多在地面，不停地把尾低放展开又骤然合拢伸直。

鸟儿档案

珠颈斑鸠

●居留类型：留鸟。

●体长：27~34 厘米。

●外观：棕灰色，因颈部斑纹似珍珠而得名。

●食物：主要以植物种子为食，也吃蝇蛆、蜗牛、昆虫等动物性食物。

●特点：与人类共生，栖于城镇、村庄周围，于地面取食，常成对立于屋顶、电线。

珠颈斑鸠

■ 给家长

先认识我们的邻居

　　可能你们居住的小区没有鹊鸲和珠颈斑鸠，但一定会有鸟。你可以带着孩子先认识它们。小区的鸟因为离得近，可以长期观察，特别是可以观察它们有趣的行为，甚至繁殖过程。

□ 特别提示

　　冬天，鸟儿寻找食物比较困难，特别是当大雪盖住地面时，鸟儿的觅食就更难了。这时可以找一个人少的地方，放上一块木板或纸板，在上面撒上一些谷物或馒头碎屑，帮助鸟儿度过寒冷的冬天，你也可以在一旁好好地观察它们，也可以做一个投食器用来给鸟儿补充食物。

投食器

城市公园

　　城市里的公园，是人们喜欢去的地方，也是鸟儿喜爱的地方。公园里的鸟儿一般不太怕人，可以长时间仔细观察。弄清它们叫什么名字，吃些什么，喜欢在什么的地方活动以及有什么有趣的行为。如果有兴趣，你还可以统计一下，在这个公园中，一年里你共观察到多少种鸟，这也是一种科学研究哦！

城市公园

乌鸫（dōng）——百舌鸟

　　乌鸫全身黑色，是一种分布很广的鸟。100 多年前它们还是一种易受惊吓的森林鸟类，近几十年开始迁入乡村和城市。人类居住的地方食物充分、气候温暖，它们在这里栖息繁殖，有的一年可以繁殖 3~4 次。乌鸫还有一项特别的本事，会学别的鸟的叫声，因此有百舌鸟之称。你们在观鸟时可别被它欺骗了哦。

乌　鸫

鸟儿档案

乌鸫

● 居留类型：留鸟。

● 体长：20~29 厘米。

● 外观：全身黑色，嘴黄色。雌鸟色稍浅。

● 食物：主要以无脊椎动物、蠕虫为食，冬季也吃果实及浆果。

● 特点：栖于城镇、村镇边缘带。于地面取食，常在落叶中翻找食物。

戴　胜

　　戴胜是色彩鲜艳的鸟，头上长着冠羽。因为长着长长的喙而常被人们误认为啄木鸟。戴胜喜欢在城市公园的草坪上活动，在开阔潮湿地面，将长长的喙伸入地下寻找软体动物和蠕虫。头上的冠羽平时闭合，有警情时立起展开。

鸟儿档案

戴胜

● 居留类型：留鸟。

● 体长：约30厘米。

● 外观：全身棕栗色，身上有黑色、棕色、黑褐色带斑。

● 食物：主要以昆虫及幼虫为食，也吃蠕虫等其他小型无脊椎动物。

● 特点：喜开阔潮湿地面，长长的喙在地面翻动寻找食物。有警情时冠羽立起，起飞后松懈下来。

戴　胜

灰喜鹊

灰喜鹊在中国是最著名的益鸟之一，20 世纪 70 年代，为了防治松毛虫的危害，曾大量人工繁殖灰喜鹊，它们为我国森林治虫做出了重大贡献。近几十年由于食物的关系，它们开始进入城市，是动物进城的典型代表。在长江中下游地区的许多公园里，灰喜鹊是这里的长住居民。它们在公园里栖息和繁殖，以树木上的昆虫及幼虫为食，也食一些植物果实及种子，还常食游人撒落的食品。

灰喜鹊

鸟儿档案

灰喜鹊

- 居留类型：留鸟。
- 体长：31~40 厘米。
- 外观：喙、脚黑色，额至后颈黑色，背灰色，两翅和尾灰蓝色。
- 食物：杂食性，以动物性食物为主，主要吃半翅目的蝽象，鞘翅目的昆虫及幼虫。
- 特点：结群栖息于公园和城镇的开阔松林及阔叶林，活动和飞行时都不停地鸣叫，鸣声单调嘈杂。

白头鹎（bēi）——传说中的白头翁

白头鹎，俗名白头翁，以头顶有白色羽毛而得名，是我国长江流域及其以南广大地区的常见鸟类，多活动于丘陵或平原的树木灌丛中，也见于针叶林里，习性活泼，不怎么怕人，许多城市公园和居民小区都可以见到它们的身影。白头鹎是杂食性鸟类，既食植物性食物，也食动物性食物，食性随季节而异。幼年的白头鹎头顶部羽毛不是白色，随着年龄的增长，它的头顶白色羽毛越来越多，最后覆盖头顶。

鸟儿档案

白头鹎（bēi）

● 居留类型：留鸟。

● 体长：16~22厘米。

● 外观：背部橄榄绿色，腹部灰白色，头顶白色。

● 食物：春夏两季以动物性食物为主，秋冬季则以植物性食物为主。

● 特点：冬季结成大群，于樟、楝等树上啄食果实。春夏季则仅3~5只相伴觅食。喜欢大声鸣叫，鸣叫声婉转多变，十分悦耳，有时也显得过于吵闹。

白头鹎

给家长

你所在的城市可能没有书上所列举的鸟，但一定会有别的鸟儿。它们也是这个城市的居民，带着孩子认识它们，和它们做朋友。相信它们也会给你们带来快乐！

郊区公园和植物园

郊区公园和植物园通常在城市的边缘，这里植物更加丰富，生态环境优越，因此鸟儿也会更多。特别是秋、冬两季，园中游人稀少，鸟儿却正活跃，因此成为鸟儿的乐园。一些迁徙的鸣禽可能在这里做短暂栖息，而那些垂直迁徙的鸟儿，可能选择这里度过寒冷的冬天。

园里的原住民

郊区公园和植物园通常区域广大，植物茂盛，特别是会有一些低矮灌丛和草地，这样的环境特别适合雉类和鹑类鸟栖息。

雉类和鹑类鸟是雉科鸟中的两大类，通常雉类鸟的雄性常有极其华丽的羽毛，属于美丽的鸟类之列，而雌鸟色彩则比较暗淡；鹑类通常雌雄羽毛的颜色相差不大，羽色较暗。

雉类和鹑类鸟都是陆禽，腿脚健壮，具有钝爪，体格壮实，嘴坚硬，翅短而圆，不善远飞。

雉鸡（雌）

雉鸡（雄）

鸟儿档案

雉（zhì）鸡（又名环颈雉、野鸡）

●居留类型：留鸟。

●体长：雄鸟 73~86 厘米，雌鸟 59~61 厘米。

●外观：雄鸟羽色华丽，几个亚种颈部都有白色颈圈，与金属绿色的颈部形成明显的对比。胸紫金色并有光泽，背绿色，翅膀有横条花纹，尾羽长而有横斑。雌鸟的羽色暗淡，为褐和棕黄色，杂以黑斑，尾羽较短。

●食物：杂食性，随地区和季节而不同。秋、冬季主要以各种植物的果实、种子和部分昆虫为食，春、夏季则啄食刚发芽的嫩草茎和草叶，也常到耕地扒食种下的谷籽与禾苗。

●特点：脚强健，善于奔跑，特别是在灌丛中奔走极快，也善于藏匿。见人后在地上疾速奔跑，很快进入附近的丛林或灌丛。

鸟儿档案

灰胸竹鸡

● 居留类型：留鸟。

● 体长：雄 24~37 厘米，雌 21~35 厘米。

● 外观：额与眉纹灰色，头顶和后颈橄榄褐色，上背灰褐色。喉栗红色，前胸蓝灰色。

● 食物：杂食性。主要以植物幼芽、嫩枝、嫩叶、果实、种子为食，也吃昆虫和其他无脊椎动物。

● 特点：中国南方特有种。栖息于山区、平原、灌丛、竹林以及草丛。常成群活动，领域性较强，不善飞行。

灰胸竹鸡

最萌小鸟

冬天的积雪刚刚融化，红头长尾山雀和棕头鸦雀已经开始忙碌起来，它们从冬季集群的队伍中一对一对地分散开来，进入一年一度的繁殖期。红头长尾山雀和棕头鸦雀都是体型很小的鸟儿，性活泼，喜结大群，只在繁殖期分开，常与其他种类鸟儿混群。

给家长

观察这种小型活泼的鸟类要有耐心，需要用望远镜连续地跟踪观看，还要不停地调整望远镜的焦距。只有通过努力，才能看清这些美丽和有趣的小鸟。

红头长尾山雀

鸟儿档案

红头长尾山雀

● 居留类型：留鸟。

● 体长：9~11 厘米。

● 外观：头顶栗红色，背蓝灰色，喉白色，中部具黑色块斑，胸、腹白色或淡棕黄色。

● 食物：主要以鞘翅目和鳞翅目的昆虫为食。

● 特点：常 10 余只或数十只成群活动。性活泼，不停地在枝叶间跳跃或来回飞翔觅食。边取食边不停地鸣叫，叫声低弱，似"吱—吱—吱"。

鸟儿档案

棕头鸦雀

●居留类型：留鸟。

●体长：11~12厘米。

●外观：全身粉褐色，喙小似山雀，头顶及两翼栗褐，喉略具细纹。

●食物：主要以鞘翅目和鳞翅目等昆虫为食，也吃植物果实与种子等。

●特点：常成对或成小群活动，性活泼而大胆，不甚怕人，常在灌木或小树枝叶间攀缘跳跃，或做短距离低空飞行。边飞边叫或边跳边叫，鸣声低沉而急速，较为嘈杂。

棕头鸦雀

吃种子的鸟儿

秋季是收获的季节，各种植物的种子都成熟了，喜欢吃植物种子的鸟儿活跃起来，它们要在这个时期大量补充食物，把身体养得壮壮的，以度过寒冷的冬天。吃植物种子的鸟儿有一个共同的特点，即都长有一个厚实的喙。这样的大嘴很容易将种子的坚硬外壳破开。

金翅雀、黑尾腊嘴雀、燕雀都是以吃植物性食物为主的鸟儿。

金翅雀

鸟儿档案

金翅雀

● 居留类型：留鸟。

● 体长：12~14 厘米。

● 外观: 背部栗褐色，腰金黄色，翅上翅下都有一块大的金黄色块斑。

● 食物：主要以植物果实、种子、草子和谷粒等农作物为食。

● 特点：单独或成对活动，秋冬季节成群，飞翔迅速，两翅扇动甚快，鸣声清脆似铃声。

鸟儿档案

黑尾腊嘴雀

●居留类型：留鸟。

●体长：17~21 厘米。

●外观：喙粗大、黄色，喙尖黑色。雄鸟头部黑色，背灰褐色，翅黑色，翅尖白色。雌鸟灰褐色。

●食物：主要以种子、果实、草子、嫩叶、嫩芽等植物性食物为食，也吃部分昆虫。

●特点：繁殖期间成对活动，非繁殖期成群。飞行迅速，两翅鼓动有力。性活泼而大胆，不甚怕人。繁殖期间鸣叫频繁。鸣声高亢，悠扬而婉转。

黑尾腊嘴雀（雌）

黑尾腊嘴雀（雄）

鸟儿档案

燕雀

●居留类型：候鸟。

●体长：14~17厘米。

●外观：喙粗壮而尖。雄鸟从头至背黑色，上体褐色，胸橙黄色，翅上有白斑。雌鸟和雄鸟大致相似，但体色较浅淡。

●食物：主要以草子、果食、种子等植物性食物为食，最喜欢吃杂草种子，也吃树木种子、果实。

●特点：除繁殖期间成对活动外，其他季节多成群，尤其是迁徙期间常集成大群。

燕雀

你知道吗？

植物的种子经过鸟儿的消化系统，更容易生根发芽。鸟儿还会将种子带向四面八方，有利于植物的传播。

贵客来敲门

　　冬天，北风呼啸，大雪纷飞，气温骤降。那些在高海拔地区和北方繁殖的鸟儿纷纷来到低海拔地区和南方越冬，郊区公园和植物园食物丰富，是它们不错的选择。其中鸲类鸟是常见的一种鸟。这些小精灵的到来，如同家里来了贵客，给单调的冬天带来了鲜活的色彩。

　　鸲是雀形目鹟（wēng）科的鸟类。体长 12~15 厘米；尾长超过跗蹠（fū zhī）的 2 倍。分布于亚洲和欧洲。中国常见种有红胁蓝尾鸲和北红尾鸲。

鸟儿档案

红胁蓝尾鸲

● 居留类型：候鸟。

● 体长：13~15 厘米。

● 外观：雄鸟头顶、背部和尾羽呈蓝色。雌鸟上体橄榄褐色，尾部蓝色。雄雌两胁橙红色或橙棕色。

● 食物：主要以甲虫、蚊、蜂等昆虫及幼虫为食。也吃少量植物性食物。

● 特点：常单独或成对活动，多在林下灌丛间活动和觅食。停歇时常上下摆尾。

红胁蓝尾鸲（雌）

红胁蓝尾鸲（雄）

鸟儿档案

北红尾鸲

● 居留类型：候鸟。

● 体长：13~15 厘米。

● 外观：雄鸟全身橙棕色，头顶至上背灰色，有明显的白色翅斑。雌鸟暗褐色，尾淡棕色，也有白色翅斑。

● 食物：主要以甲虫、蚊、蜂等昆虫及幼虫为食。也吃少量植物性食物。

● 特点：行动敏捷，频繁地在地上和灌丛间跳来跳去啄食虫子。性胆怯，见人即藏匿于丛林内。停歇时常不断地上下摆动尾和点头。

北红尾鸲（雌）

北红尾鸲（雄）

第 3 章

到田野、湖泊和森林去观鸟

　　生活中我们总是有机会到离城市更远的地方去，如周末的郊游，回老家看望亲友或者专门组织的假期旅游。这样我们就有机会到田野、湖泊和森林中去。不要忘记带上望远镜和装备。旅途中观鸟一定会给你的旅行增加更多的乐趣。

田野观鸟图

为防止蛇、蚊、蛭和蜱虫的叮咬，户外活动时，应穿长袖衣服。脚上最好穿高腰鞋或旅游鞋。观鸟时尽量避免在草丛和树林中穿行，也不要去有安全隐患的地方。

给家长

家长应该给孩子讲解一些户外活动的安全知识。

路边的鸟儿

夏季，沿着公路行走，我们常会看到隔不远就有鸟儿站在路旁的电线上。这多半是麻雀、燕子和伯劳鸟。

麻雀和山麻雀

麻雀是一种最常见的鸟儿，不过这些年随着高楼大厦的不断矗立，麻雀在城市里的数量越来越少了。但是在乡村却随时可以看到它们的身影。麻雀是一种繁殖能力极强的鸟儿，只要食物充分和气温适合，它们一年四季都可以哺育小鸟。麻雀喜欢在各种各样的地方筑巢。墙洞中，屋檐下，甚至烟筒口，都可以看到它们撒挂在外面的"建筑材料"。

在山区，如果你仔细观察，会发现另外一种麻雀，这就是山麻雀。麻雀和山麻雀虽然都叫麻雀，却有许多不同，它们完全是两种鸟。从外观上来看，麻雀脸耳部有一个明显的黑斑，而山麻雀没有。而且，麻雀雌、雄的羽毛颜色差不多，而山麻雀雌、雄的羽毛颜色相差很大，雄鸟鲜艳，雌鸟平淡。

鸟儿档案

麻雀（又名树麻雀）

●居留类型：留鸟。

●体长：13~15 厘米。

●外观：全身沙褐色或棕褐色，有黑色纵纹。头侧白色，耳部有一黑斑。

●食物：食性较杂，主要以谷粒、草子、种子、果实等植物性食物为食，繁殖期间几乎全以昆虫喂养雏鸟。

●特点：喜成群，秋冬季节集群多达数百只，甚至上千只。一般出现在房舍及其周围地区，尤其喜欢在房檐、屋顶、房前屋后的小树和灌丛上栖息。

麻雀

山麻雀（雄）

鸟儿档案

山麻雀

●居留类型：留鸟。

●体长：13~15 厘米。

●外观：雄鸟上体栗红色，背中央具黑色纵纹。雌鸟上体褐色，有宽阔的白色眉纹。

●食物：杂食性，动物性食物主要为昆虫和昆虫幼虫。植物性食物主要有麦、稻谷、荞麦、小麦及野生植物果实和种子。

●特点：喜在树枝或灌丛间飞来飞去，飞行力较麻雀强，活动范围较麻雀大。冬季常随气候变化移至山麓草坡、耕地和村寨附近活动。

家燕和金腰燕

　　燕子是人们对各种燕子的通称，在长江流域一带的乡村，比较多见的是家燕和金腰燕。当你们回到农村老家探望亲友的时候，是否也看到了它们呢？

　　家燕和金腰燕是典型的迁徙性鸟类，"小燕子，穿花衣，年年春天来这里"，童年的儿歌让我们从小就知道了小燕子都会春来秋去。

　　带着孩子去到乡村，不妨也去看看它们，如果时间合适，我们可以看到燕子爸爸妈妈辛勤地喂养小宝宝。

　　观察家燕和金腰燕要注意观察它们巢的形状，家燕的巢是开放的，像大半个碗嵌在墙上，而金腰燕的巢像半个葫芦贴在天花板上。

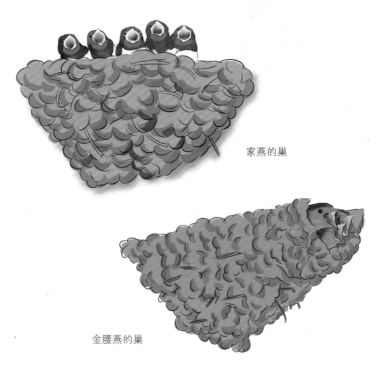

家燕的巢

金腰燕的巢

家　燕

鸟儿档案

家燕

●居留类型：夏候鸟。

●体长：13~19 厘米。

●外观：上体蓝黑色还闪着金属光泽，腹面白色。两翅狭长，飞行时好像镰刀，尾分叉像剪子。

●食物：主要捕食蝇、蚊等各种昆虫。

●特点：喜欢栖息在人类居住的村落附近。善飞行，大多数时间都在村庄及其附近的田野上空不停地飞翔，飞行迅速敏捷。

鸟儿档案

金腰燕

●居留类型：夏候鸟。

●体长：16~18 厘米。

●外观：上体黑色有辉蓝色光泽，有一条栗黄色的腰带，下体棕白色有黑色细纵纹。

●食物：主要捕食蝇、蚊等各种昆虫。

●特点：生活习性与家燕相似，栖息于低山及平原的居民点附近，善飞行，飞行迅速敏捷，喜高空翱翔。

金腰燕

伯劳鸟

　　伯劳鸟主要指伯劳科，尤其是伯劳属的许多种鸣禽。它们共同特点是喙尖上有钩，脚爪强健有力，性凶猛，有小猛禽之称。伯劳鸟以捕食昆虫为主。蜥蜴、老鼠和一些体型较大的昆虫，都是它们捕捉的对象。

你知道吗？

　　伯劳鸟有储存习性，常将抓到的食物钉在树上的棘刺上撕咬，吃不完的就晾挂在树枝上，下顿再吃。

伯劳鸟在储存食物

棕背伯劳鸟

鸟儿档案

棕背伯劳鸟

●居留类型：留鸟。

●体长：22~28 厘米。

●外观：前额灰色或黑色，黑色贯眼纹似眼罩。背、腰棕色，尾和飞羽黑色，有白色翅斑。

●食物：主要以昆虫为食。也捕食小鸟、青蛙、蜥蜴和鼠类，偶尔也吃少量植物种子。

●特点：除繁殖期成对活动外，多单独活动。常在树上和路边的电线上张望，一旦发现猎物，立刻飞去追捕。

鸟儿档案

红尾伯劳鸟

●居留类型：夏候鸟。

●体长：17~21 厘米。

●外观：头侧具黑纹，背面大部灰褐色，腹面棕白，尾羽棕红色。

●食物：喜食小鸟、小型哺乳动物和各种昆虫，也吃高粱。

●特点：栖息于树梢，常张望四周，一旦发现猎物，便急飞直下捕捉。

红尾伯劳鸟

鸟儿档案

虎纹伯劳鸟

● 居留类型：夏候鸟。

● 体长：15~19厘米。

● 外观：喙厚、尾短而眼大。上体及翅上覆羽栗红褐色，杂以黑色波状横斑。

● 食物：捕食小型哺乳动物和各种昆虫，有时也会袭击小鸟。

● 特点：停息在灌木、乔木的顶端或电线上，四处张望，寻找食物，当发现空中或地面的猎物后往往急飞捕捉，捕捉后多返回原栖息处享用。

虎纹伯劳鸟

⬇ **探索小贴士**

看到不认识的鸟怎么办?

看到不认识的鸟正是你认识新鸟种的好机会。按照书中介绍的方法认真观察,记住特征,如果能画下来并加以标注或者用手机、相机拍下来就更好了。然后可以翻看鸟类图鉴进行对照,找出与它相像的鸟儿。每认识一种新的鸟儿,都会有一点成就感哦!

一时找不到也不要紧,可以回到家以后再仔细查找。还可以和其他的观鸟人进行交流。通过一段时间的观察、练习,识别鸟的能力就会提高。

观鸟享受的是探索发现的过程,而不仅仅是得到结果!

夏日的荷塘

炎热的夏天,在郊外和乡间,我们常可以看到"映日荷花别样红"的景色。这满塘的碧绿也是许多鸟儿的乐园。这里生活的都是依水而生的鸟儿。

普通翠鸟

普通翠鸟是一种十分美丽的小鸟,天蓝色的背部和红褐色的腹部美艳无比。它们是荷塘的常客,常站在水边的树枝上或岩石上,甚至站在荷花的花苞上,低头注视着水面,伺机猎食。一旦看见小鱼活动,便一个猛子扎下去将小鱼叼住。然后返回原栖息处享受美餐,或者飞快地离去,将美食带给它们的宝宝。

普通翠鸟

鸟儿档案

普通翠鸟

●居留类型：留鸟。

●体长：16~17厘米。

●外观：上体金属浅蓝绿色，体背灰翠蓝色，胸部以下呈鲜明的栗棕色。

●食物：以小鱼为主，兼吃甲壳类和多种水生昆虫及其幼虫。

●特点：单独或成对活动。性孤独，平时常独栖在近水边的树枝上或岩石上，伺机猎食。

普通翠鸟

水 雉

水雉是一种美丽的湿地鸟类，因其有大而细长的脚爪，能轻步行走于睡莲、荷花、菱角、芡实等浮叶植物上，且体态优美，羽色艳丽，被美称为"凌波仙子"。每年的夏季，水雉来到长江流域开始它们的繁殖季。水雉是一雌多雄制，营巢于芡实、荷叶以及大型浮草上。孵卵工作由雄鸟承担，在一个繁殖季节雌鸟有时可产卵 10 窝以上，分别由不同的雄鸟孵化。水雉雏鸟为早成鸟，出生后半小时左右即可行走，跟在雄鸟后面觅食，不用亲鸟喂食。当气温较低和遇到天敌时，雏鸟便藏于亲鸟翼下。

水 雉

鸟儿档案

水雉

● 居留类型：夏候鸟。

● 体长：31~58 厘米。

● 外观：头和前颈白色，后颈金黄色，全身呈黑白相间十分醒目的繁殖羽。

● 食物：以昆虫、虾、软体动物、甲壳类等小型无脊椎动物和水生植物为食。

● 特点：性活泼，善行走，步履轻盈，能在漂浮于水面的芡实、莲、菱角等水生植物上来回奔走和停息。鸣叫似猫的"喵喵"声。

黑水鸡

黑水鸡，俗名红骨顶，是世界分布最广的鸟类之一。黑水鸡生存能力极强，栖息于富有芦苇和水生挺水植物的淡水湿地、沼泽、湖泊、水库、苇塘、水渠和水稻田中，也出现于林缘和路边水渠与疏林中的湖泊沼泽地带，哪怕是一个很小的水塘，也能见到它们的身影。生活在荷塘的黑水鸡不太怕人，但遇人还是会慢慢游进苇丛或草丛。夏天我们常可以在荷塘里看到黑水鸡带着幼鸟，边游边给小鸟喂食的温馨场面。

鸟儿档案

黑水鸡

● 居留类型：留鸟。

● 体长：18~32 厘米。

● 外观：全身黑色，额甲鲜红色，尾两侧白色。

● 食物：主要吃水生植物嫩叶、幼芽、根茎以及水生昆虫、软体动物和昆虫幼虫等。

● 特点：游泳时身体浮出水面很高，尾常常垂直竖起，并频频摆动，一般不起飞。

黑水鸡

你知道吗?

繁殖羽和非繁殖羽

　　鸟类在繁殖期间的羽毛往往会发生改变,有的颜色更鲜艳,如池鹭、牛背鹭,有的形状会发生改变,如白鹭、大白鹭长出饰羽等。改变了的羽毛称之为繁殖羽。因为绝大多数鸟类在夏季繁殖,故繁殖羽又称为夏羽。许多鸟类过了繁殖期,就会换羽,换羽后的羽色大多变得暗淡。这种羽色就称为非繁殖羽。因为绝大多数鸟类在夏季繁殖,故非繁殖羽又称之为冬羽。

小䴙 (pì) 䴘 (tī)

　　小䴙䴘是许多水塘的原住民常被人误认为野鸭子。小䴙䴘雌雄同色,但繁殖羽和非繁殖羽差别很大。繁殖羽耳羽、颈侧红栗色非常鲜艳,全身羽毛颜色较深,而非繁殖羽,羽毛则呈淡灰褐色。

小䴙䴘冬羽

鸟儿档案

小䴙䴘

● 居留类型：留鸟。

● 体长：20~23 厘米。

● 外观：夏羽黑褐色，颜色较深，鲜艳，冬羽毛则呈淡灰褐色。

● 食物：主要吃小型鱼类和虾、蜻蜓幼虫、蝌蚪、软体动物。偶尔也吃水草等少量水生植物。

● 特点：多成对活动，有时也集成 10 余只的小群。善游泳和潜水，在陆地行走迟缓而笨拙。飞行力弱，在水面起飞时需要在水面涉水助跑一段距离才能飞起。

小䴙䴘夏羽

鹭　鸟

鹭鸟是各种鹭的总称，是涉禽的一种。夏季是鹭鸟的繁殖季，长江流域是鹭鸟的重要繁殖地，也是观察它们的好地方。

探索小贴士

怎样区分白色的鹭?

常见的白色的鹭有白鹭、中白鹭、大白鹭和牛背鹭四种。当它们站在一起的时候，我们可以根据它们的大小加以区分，但如果它们分开了呢? 一个一个地站在你的面前，你能区分吗? 下面是辨识的几个要点:

● 小白鹭体型比较小，喙为全黑色，脚趾黄色或黄绿色
● 中白鹭喙的裂缝（嘴角）不超过眼睛
● 大白鹭喙的裂缝（嘴角）超过眼睛直到眼后
● 牛背鹭的喙呈黄色，脖子短粗

黑色的喙

黄色的脚趾

小白鹭

中白鹭的喙角不超过眼睛

中白鹭

大白鹭的嘴角超过眼睛到眼后

大白鹭

黄色的喙

脖子短粗

牛背鹭

鸟儿档案

白鹭（也称小白鹭）

●居留类型：夏候鸟。

●体长：约60厘米。

●外观：全身羽毛白色，脚趾黄色或黄绿色，繁殖期枕部垂有两条细长的长翎饰羽。

●食物：捕食浅水中的小鱼、两栖类、爬虫类、哺乳动物和甲壳动物。

●特点：活动于河流、湖泊、水稻田和水塘岸边浅水处，在乔木上集群筑巢。

小白鹭

鸟儿档案

中白鹭

●居留类型：夏候鸟。

●体长：约 69 厘米。

●外观：全身羽毛白色，脚和趾黑色。繁殖期背部和前颈下部有蓑状饰羽。

●食物：主要以小鱼、虾、蛙、蝗虫、蝼蛄等动物为食。

●特点：生性胆小，成对或成小群活动，有时亦与其他鹭混群。

中白鹭

鸟儿档案

大白鹭

●居留类型：夏候鸟。

●体长：约 90 厘米。

●外观：全身羽毛白色，颈部长，常呈 S 型。繁殖期喙黑色，身上长有成丛的长蓑羽。

●食物：以甲壳类、软体动物、水生昆虫以及小鱼、蛙、蝌蚪和蜥蜴等动物性食物为食。

●特点：栖息于海滨、水田、湖泊、红树林及其他湿地。常与其他鹭类混群。

大白鹭

第 4 章

森林卫士

大山雀的主要食物是对森林和农作物有害的昆虫，一对大山雀在一个繁殖周期里可以消灭数千只害虫；啄木鸟可将深藏在树木中的蛀虫挖出来吃掉，被称为森林里的医生；猫头鹰和老鹰等猛禽，大多以老鼠等啮齿类动物为食，对控制农业、林业鼠害以及危险疫病的传播有重要的贡献。鸟儿是名副其实的森林卫士。

山　雀

山雀是体型较小的食虫鸟类，分布极广，在山地林区数量较多，筑巢于树洞或房洞中。几乎终日不停地在林间捕食昆虫，且多为害虫，故成为农业、林业所欢迎的对象。常见的大山雀雌雄羽色相差不大，而黄腹山雀却是雌雄异色。

鸟儿档案

大山雀

●居留类型：留鸟。

●体长：13~15 厘米。

●外观：头黑色，脸部有椭圆型白斑，上体蓝灰色。

●食物：主要以毒、刺蛾幼虫、尺蠖蛾幼虫、库蚊、花蝇、松毛虫、螽斯等昆虫为食。

●特点：性较活泼而大胆，不太怕人。栖息于低山和山麓地带的次生阔叶林、阔叶林和针阔叶混交林。

大山雀

鸟儿档案

黄腹山雀

●居留类型：留鸟。

●体长：9~11 厘米。

●外观：雄鸟头、背黑色，脸颊有长条形白斑，腹部黄色，雌鸟上体灰绿色。

●食物：主要以直翅目、半翅目、鳞翅目、鞘翅目等昆虫为食，也吃植物果实和种子。

●特点：除繁殖期成对活动外，其他时候成群，多数时候在树枝间跳跃穿梭，或在树冠间飞来飞去，发出"嗞、嗞、嗞"的叫声。

黄腹山雀（雌）

黄腹山雀（雄）

啄木鸟

当你在树林中听到像锤子的敲击声时，多半是啄木鸟正在勤劳地工作。它们反复啄击树干，将隐藏有虫子的小孔拓宽，然后用又长又尖的舌头将猎物叉出来。啄木鸟完全适应了攀附在树干上的生活，它长有强健有力的脚趾，可以紧紧抓住树干，还长有坚硬的尾羽，在啄木时起到支撑身体的作用。因此，我们要观察啄木鸟，应该在树干上去找哦！

鸟儿档案

大斑啄木鸟

● 居留类型：留鸟。

● 体长：20~25 厘米。

● 外观：上体主要为黑色，额、颊和耳羽白色，臀红，肩和翅上各有一块大的白斑。

● 食物：主要以各种昆虫、昆虫幼虫为食，也吃蜗牛等其他小型无脊椎动物，偶尔也吃橡实、松子和草子。

● 特点：多在树干和粗枝上觅食。觅食时从树的中下部跳跃式地向上攀缘，飞翔时两翅一开一闭，成大波浪式前进。

大斑啄木鸟

鸟儿档案

灰头绿啄木鸟

● 居留类型：留鸟。

● 体长：26~31 厘米。

● 外观：雄鸟上体背部绿色，额部和顶部红色，雌鸟额部和顶部没有红色。

● 食物：夏季取食昆虫，冬季兼食一些植物种子。

● 特点：觅食时常由树干基部螺旋上攀，也常在地面取食。

灰头绿啄木鸟

猫头鹰

猫头鹰是学名为鸮（xiāo）的鸟的俗称。鸮类鸟头宽大，头部正面的羽毛排列成面盘。双目的分布、面盘和耳羽使它的头部与猫极其相似，故俗称猫头鹰。猫头鹰大部分为夜行性肉食性动物。

猫头鹰

鸟儿档案

斑头鸺鹠（xiū liú）

●居留类型：留鸟。

●体长：约 24 厘米。

●外观：体小而遍具棕褐色横斑。

●食物：以昆虫、鼠类为主食，有时也捕食一些青蛙、小鸟和爬行动物。

●特点：主要为夜行性，但有时白天也活动，常光顾庭园、村庄。

斑头鸺鹠

红角鸮

鸟儿档案

红角鸮（xiāo）

●居留类型：留鸟。

●体长：约 19 厘米。

●外观：全身遍布花纹，肩部有浅色的大斑，有耳羽。

●食物：捕食大型昆虫和小型啮齿类动物。

●特点：白天呆在树荫深处，靠保护色取得安全，晨昏和夜间出来活动。

第 5 章

亲水的鸟儿

人的生命离不开水，鸟儿也是一样。许多鸟儿都有亲水的习性，鹡鸰（jī líng）水鸲和河乌是具有代表性且比较容易见到的亲水鸟儿。

鹡　鸰

鹡鸰俗称张飞鸟。停息时尾上下摆动，故又称"点水雀"。鹡鸰为地栖鸟类，生活于沼泽、池塘、水库、溪流、水田等有水的地方。鹡鸰的喜食蚊、蝇及幼虫，而这里正是蚊、蝇繁殖的地方。中国有白鹡鸰、灰鹡鸰、黄鹡鸰和黄头鹡鸰。

鸟儿档案

白鹡鸰

●居留类型：留鸟。

●体长：16~20厘米。

●外观：灰白色或黑白色，色型较多。

●食物：以蚊、蝇及幼虫等昆虫和植物种子为食。

●特点：栖息于近水的开阔地带河滩、稻田、溪流边及附近的草地。

白鹡鸰

水　鸲

水鸲是鸫科水鸲属的小型鸟类，我国只有红尾水鸲一种。山涧流水，清澈见底，红尾水鸲就生活在这里。只有在这里，它才能找到足够的适合自己的食物。它们捕食水面上飞过的蚊蝇或是水下的幼虫。它们将巢筑在岸边石头的缝隙中，或岸边的树洞里。

山涧流水，清澈见底，红尾水鸲就生活在这里。只有在这里，它才能找到足够的适合自己的食物。它们捕食水面上飞过的蚊蝇或是水下的幼虫。它们将巢筑在岸边石头的缝隙中，或岸边的树洞里。

红尾水鸲（雄）

鸟儿档案

红尾水鸲（qú）

●居留类型：留鸟。

●体长：12~14 厘米。

●外观：雄鸟上身深蓝色，尾羽棕红色，雌鸟全身灰褐色，尾部有白斑。

红尾水鸲（雌）

●食物：以昆虫、植物种子、果浆为食。

●特点：总是在多砾石的溪流及河流两旁，或停栖于水中砾石上。尾常摆动。

河 乌

河乌是指河乌科的鸟儿，我国有两种，河乌和褐河乌。河乌是一种非常有趣的鸟儿，它生活在流速很快的清澈小溪旁，象小老鼠一样，在小溪中的石头之间窜来窜去，一会儿钻入水中，一会浮出水面。它能在水下快速地奔跑，啄食藏在石头下面的昆虫。

鸟儿档案

褐河乌

- ●居留类型：留鸟。
- ●体长：18~24 厘米。
- ●外观：全身咖啡褐色，眼圈白色，不显著。
- ●食物：以水生昆虫及其他水生小形无脊椎动物为食。
- ●特点：能在水面浮游，也能在水底潜走，沿河流水面上下飞行。

你知道吗？

河乌是世界上唯一会游泳和潜水的鸣禽。

褐河乌

第 6 章

匆匆的过客

迁徙是候鸟的特性。全世界每年有近百亿只鸟从繁殖地到越冬地往来迁徙，它们穿越大海、沙漠、丛林、城镇，从欧亚大陆飞向非洲，从遥远的西伯利亚飞向澳洲。

鹬（yù）

大多数的鹬类鸟具有长途迁徙的习性，它们每年几乎就在地球的的两端来回飞行。有些鸟儿即不在当地越冬，也不在当地繁殖。它们到这里只是停歇一段时间，补充食物，恢复体力，为再往前行做准备。它们只是一群匆匆的过客，也称为过境鸟。对于观鸟爱好者来讲，正可以利用候鸟的迁徙习性，无须长途跋涉，便可以在自己的家门口观赏平时难得一见的鸟儿。

反嘴鹬

鸟儿档案

反嘴鹬

● 居留类型：候鸟。

● 体长：体长 38～45 厘米。

● 外观：黑白色鹬。细长的腿灰色，黑色的嘴细长而上翘。

● 食物：主要以小型甲壳类、水生昆虫、昆虫幼虫、蠕虫和软体动物等小型无脊椎动物为食。

● 特点：常单独或成对活动，善游泳，能在水中倒立。成群迁徙。在湖泊、沼泽的浅滩处觅食栖息。

鸟儿档案

黑翅长脚鹬

●居留类型：候鸟。

●体长：34~40 厘米。

●外观：细长的喙黑色，两翼黑，长长的腿红色，体羽白色。

●食物：以软体动物、虾、甲壳类、环节动物、昆虫、昆虫幼虫以及小鱼和蝌蚪等动物性食物为食。

●特点：小群活动、迁徙。在湖泊、浅水塘和沼泽的浅滩处觅食栖息。

黑翅长脚鹬

给家长

过境的迁徙鸟儿，一般在一地停留的时间都不长，因此要把握好观赏时机。在迁徙季节到来的时候，可以事先了解当地过境鸟习惯停歇的地方，也应该关注当地鸟友们发出的信息。

第 7 章

有朋自远方来

有一些候鸟，每年会迁徙到长江流域一带越冬，我们把它们叫做"冬候鸟"。来这里的"冬候鸟"多为鹤类、雁类和鸭类，这些鸟儿的繁殖地在遥远的北方，有的甚至在西伯利亚苔原地带，冬季是我们观赏它们最好的时机。

◇ **温馨提示**

在湖泊和湿地环境栖息的鸟儿，通常距离相隔较远，因此需要使用放大倍数较高的单筒望远镜。使用单筒望远镜时应配备三脚架，帮助稳定望远镜。

鹤

鹤是鹤科鸟类的通称，是一种美丽而优雅的大型涉禽，具有迁徙性。我国有 9 种，占世界 15 种鹤的一大半，是鹤类最多的国家。这 9 种鹤全部都是国家重点保护野生动物。鹤在中国文化中有很高的地位，是长寿、吉祥和高雅的象征，常与神仙联系起来，因此又称为"仙鹤"。

鸟儿档案

灰鹤

● 居留类型：冬候鸟。

● 体长：100~120 厘米。

● 外观：全身羽毛灰色，头顶裸出皮肤鲜红色，颈、腿甚长。

● 食物：主要以植物的叶、茎、块茎、软体动物、昆虫、蛙、蜥蜴、鱼类等为食。

● 特点：栖息于开阔平原、草地、富有水边植物的开阔湖泊和沼泽地带。通常以 5~10 只的小群进行活动。

灰 鹤

天　鹅

　　天鹅指天鹅属的鸟类，属游禽，共有 7 种，我国有 3 种，大天鹅、小天鹅和疣鼻天鹅。天鹅是大型鸟类，最大的身长 1.5 米，体重 6000 多克。天鹅具有迁徙性，还是飞高冠军，在迁徙途中可以飞越世界最高山峰——珠穆朗玛峰。

鸟儿档案

小天鹅

- ●居留类型：冬候鸟。
- ●体长：110~120 厘米。
- ●外观：全身白色，美丽优雅，幼鸟灰色。
- ●食物：主要以水生植物的根茎和种子等为食，也兼食少量水生昆虫、蠕虫、螺类和小鱼。
- ●特点：生活在多芦苇的湖泊、水库和湿地环境中。

小天鹅

探索小贴士

小天鹅和大天鹅如何区别?

　　小天鹅与大天鹅在体形上非常相似,同样是长长的脖颈,纯白的羽毛,黑色的脚和蹼,身体也只是稍稍小一些,颈部和喙比大天鹅略短,但很难分辨。最容易区分它们的方法是比较喙基部黄颜色的大小。大天鹅喙基的黄色延伸到鼻孔以下,而小天鹅的黄色仅限于喙基的两侧,不延伸到鼻孔以下。

鼻孔

小天鹅喙基黄色部分在鼻孔以上

小天鹅

鼻孔

大天鹅喙基的黄色延伸到鼻孔以下

大天鹅

雁

　　雁俗称大雁，大型候鸟，国家二级保护动物。中国常见的有鸿雁、灰雁、豆雁、白额雁等。大雁群居水边，往往千百成群。夜宿时，有雁在周围专司警戒，如果遇到袭击，就鸣叫报警。群雁迁徙时排成"一"字或"人"字形，有助于长途飞行。

鸟儿档案

豆雁

●居留类型：冬候鸟。

●体长：69~80 厘米。

●外观：灰褐色或棕褐色，喙黑褐色，端部有橘黄色斑。

●食物：以植物性食物为主。繁殖季节主要吃苔藓、地衣、植物嫩芽、嫩叶、植物果实和少量动物性食物。

●特点：冬季成群，栖息于开阔平原草地、沼泽、水库、江河、湖泊和附近的农田。

豆 雁

鸿雁

鸟儿档案

鸿雁

●居留类型：冬候鸟。

●体长：82~93 厘米。

●外观：浅灰褐色，头顶到后颈呈暗棕褐色，前颈近白色。深浅两色分明，反差强烈。

●食物：以各种草本植物的叶、芽和水生植物、芦苇、藻类等为食，也吃少量甲壳类和软体动物。

●特点：结群迁徙。栖息于开阔平原和平原草地上的湖泊、水塘、河流、沼泽及其附近地区。

鸭

鸭是水鸟的典型代表，是多种野生鸭类的通俗名称，在鸭科鸟类中数量非常多，有十余个种类。鸭能进行长途的迁徙飞行，最高的飞行速度能达到时速 110 公里。较常见的有绿头鸭、绿翅鸭、斑嘴鸭、罗纹鸭等。它们夏季在北方荒原繁殖，冬季到南方大型水域集群越冬。

鸟儿档案

绿头鸭

● 居留类型：冬候鸟。

● 体长：47~62 厘米。

● 外观：雄鸟头和颈辉绿色，颈部有一明显的白色领环，雌鸭暗棕黄色。

● 食物：杂食性。主要以植物的叶、芽、茎、水藻和种子为食，也吃软体动物、甲壳类水生昆虫。

● 特点：觅食多在清晨和黄昏，白天在水边沙滩、湖心沙洲上休息或在开阔的水面上游泳。

绿头鸭

鸟儿档案

绿翅鸭

●居留类型：冬候鸟。

●体长：34~47 厘米。

●外观：雄鸟从眼开始有绿色带斑延伸至颈侧，尾侧有黄色三角形斑，极为醒目。雌鸟暗褐色。

●食物：冬季主要以植物性食物为主，其他季节也吃动物性食物。

●特点：觅食主要在水边浅水处，多在清晨和黄昏。喜在沙洲和湖中小岛上休息。

绿翅鸭

给家长

观鸟还可以做什么？

1. 外出旅游带上观鸟装备，能让旅游更为有趣。

2. 观察居住区小鸟的种类和数量，看它们在什么季节出现，在做些什么。如果发现了一个繁殖期的鸟巢，那就更有趣了，可以观察和记录鸟儿的繁殖行为。这些可都是写作的好素材哦！

3. 可以利用废旧材料设计制作各种投食器，为小鸟越冬提供帮助。

4. 可以利用废旧材料设计制作人工鸟巢，将它安放在合适的位置并观察有没有小鸟入住。

5. 你还可以与同样喜欢观鸟的鸟友交流、分享，获得更多的乐趣。

学会观鸟，如同取得一张进入大自然剧场的门票，里面的精彩正在上演。

你还犹豫什么？赶紧和孩子一起，拿起望远镜投入大自然的怀抱！

把观察到的鸟儿记录下来

如果你和孩子想将观鸟作为一项长期兴趣爱好，并让它变得更有意义，那么做观鸟记录就非常必要。可别小看了平时的观鸟记录，这是一次完整观鸟活动的必要环节，是一种科学方法。它能让每次观鸟的成果一目了然，由此产生参加活动的成就感，同时也可以让孩子养成做事认真，有始有终的好习惯。

如果你们将自己的观鸟记录上传到中国观鸟记录中心（http://www.birdreport.cn/Index）网站，就为社会提供了一份观察数据，可以为需要的人研究鸟类和环境提供帮助。

一次的观察记录，就像一颗珍珠，而你的观鸟记录册则犹如一根丝线，将一颗颗散落的珍珠贯穿起来。它记录的是你和孩子的成长，它可以使你们的人生更加丰富和有趣。

观鸟记录的内容

1. 基本信息

记录时间：年、月、日，一般以天为单位。

观察地点：当地地名，可以是一个地点，也可以记录行走的路线。

生境类型：树林（阔叶林、针叶林、灌丛），湿地，农田，草原，湖泊等。

天　气：晴，阴，多云等。

2. 鸟种信息

序　号：方便统计鸟种数量。

鸟种名：记录鸟的中文名。

数　量：记录看到鸟的数量，在一次观鸟活动中，同一种鸟的数量可以累加。

行　为：看到鸟时，鸟在什么位置？在做什么？

以上信息可简可繁，表格也可以根据自己的需要进行记录。

观鸟记录表

时间			地点		生境		天气	
序号	鸟名		数量		行为			

　　看到不认识的鸟，可以将它的特征标在鸟的结构图上，然后在鸟类图鉴中与鸟图进行对照，找出特征相同的鸟儿，辨认出鸟种。

观鸟记录表

时间		地点		生境		天气	
序号	鸟名	数量		行为			

　　看到不认识的鸟，可以将它的特征标在鸟的结构图上，然后在鸟类图鉴中与鸟图进行对照，找出特征相同的鸟儿，辨认出鸟种。

观鸟记录表

时间		地点		生境		天气	
序号	鸟名	数量		行为			

　　看到不认识的鸟，可以将它的特征标在鸟的结构图上，然后在鸟类图鉴中与鸟图进行对照，找出特征相同的鸟儿，辨认出鸟种。

观鸟记录表

时间		地点		生境		天气	
序号	鸟名	数量		行为			

　　看到不认识的鸟，可以将它的特征标在鸟的结构图上，然后在鸟类图鉴中与鸟图进行对照，找出特征相同的鸟儿，辨认出鸟种。

观鸟记录表

时间		地点		生境		天气	
序号	鸟名	数量		行为			

　　看到不认识的鸟，可以将它的特征标在鸟的结构图上，然后在鸟类图鉴中与鸟图进行对照，找出特征相同的鸟儿，辨认出鸟种。

观鸟记录表

时间		地点		生境		天气	
序号	鸟名	数量		行为			

　　看到不认识的鸟，可以将它的特征标在鸟的结构图上，然后在鸟类图鉴中与鸟图进行对照，找出特征相同的鸟儿，辨认出鸟种。

观鸟记录表

时间		地点		生境		天气	
序号	鸟名	数量		行为			

　　看到不认识的鸟，可以将它的特征标在鸟的结构图上，然后在鸟类图鉴中与鸟图进行对照，找出特征相同的鸟儿，辨认出鸟种。

观鸟记录表

时间		地点		生境		天气	
序号	鸟名	数量		行为			

　　看到不认识的鸟，可以将它的特征标在鸟的结构图上，然后在鸟类图鉴中与鸟图进行对照，找出特征相同的鸟儿，辨认出鸟种。

观鸟记录表

时间		地点		生境		天气	
序号	鸟名	数量		行为			

　　看到不认识的鸟，可以将它的特征标在鸟的结构图上，然后在鸟类图鉴中与鸟图进行对照，找出特征相同的鸟儿，辨认出鸟种。